MARAGE

DOCTEUR EN MÉDECINE

DOCTEUR ÈS SCIENCES

BRE DE LA SOCIÉTÉ FRANÇAISE DE PHYSIQUE

ET DE LA SOCIÉTÉ CHIMIQUE DE PARIS

NOTE

SUR UN

NOUVEAU CORNET ACOUSTIQUE

SERVANT EN MÊME TEMPS

DE MASSEUR DU TYMPAN

MASSON ET Cⁱᵉ, ÉDITEURS, PARIS.

NOTE

SUR

UN NOUVEAU CORNET ACOUSTIQUE

SERVANT EN MÊME TEMPS

DE MASSEUR DU TYMPAN

J'ai entrepris, il y a dix-huit mois, des expériences physiques et physiologiques ayant pour but de trouver les conditions dans lesquelles on doit se placer pour obtenir un bon cornet acoustique.

Je cherchais un instrument de faible volume, renforçant le son et agissant en même temps comme moyen thérapeutique, en empêchant la surdité de se produire ou d'augmenter.

Ce sont les résultats de mes recherches que je consigne aujourd'hui dans ce travail.

M. le professeur Marey a bien voulu m'aider de ses conseils, je suis heureux de lui en adresser ici tous mes remercîments.

RÉSULTATS DES EXPÉRIENCES.

Les expériences que j'ai faites, en me servant surtout des flammes manométriques de Kœnig, m'ont conduit aux résultats suivants :

1° On ne peut pas obtenir de renforcement de la parole par l'air du tuyau; les résonnateurs de Helmholtz et mon stéthoscope à coulisse placés sur le trajet du cornet acoustique ne donnent aucun résultat, à ce point de vue.

2° Une membrane directement en contact avec l'air extérieur, sans chambre à air antérieure, ne vibre pas sous l'influence de la parole.

J'ai essayé successivement des membranes circulaires inégalement tendues et ayant les diamètres suivants :

2, 3, 4, 5, 6, 7, 8, 9, 10, 11, 14, 15, 20, 25, 30, 35, 40 centimètres.

Les résultats ont toujours été les mêmes, c'est-à-dire négatifs.

3° Pour obtenir le meilleur résultat, il faut placer la membrane entre deux caisses à air cylindriques, de même diamètre que la membrane, mais de très faible hauteur : 0^m002 millimètres à peu près.

D'une façon générale, plus les caisses de résonnance sont petites, plus le son est intense.

4° La membrane doit être moyennement tendue; trop, elle ne vibre pas; trop peu, on entend son claquement.

5° La caisse à air antérieure doit communiquer avec une embouchure sur laquelle les lèvres s'appliquent; si les lèvres sont situées à une faible distance, les vibrations ne se transmettent plus.

6° L'orifice qui fait communiquer la caisse à air antérieure avec l'embouchure, peut être de diamètre variant depuis 0ᵐ004 millimètres jusqu'à 0,02 centimètres.

J'ai examiné successivement des orifices circulaires de :

$0^m,004$ millimètres de diamètre.
$0^m,011$ —
$0^m,016$ —
$0^m,021$ —   (diamètre de la membrane).
$0^m,033$ —   (diamètre extérieur de l'appareil).

On employait toujours la même membrane et on appliquait successivement, sur sa face supérieure, des caisses à air de même volume, mais munies des embouchures indiquées plus haut.

Les différences étaient minimes. Les meilleurs résultats ont été obtenus avec les orifices les plus petits : $0^m,004$ millimètres et $0^m,011$ millimètres.

7° *Choix d'une membrane*. — Si l'appareil doit servir uniquement de masseur, il faut employer une membrane en baudruche; en effet, cette substance présente les avantages suivants :

Au début, la membrane, très tendue, masse énergiquement le tympan; peu à peu, sous l'influence de la vapeur d'eau provenant de la respiration, la tension de la membrane diminue et le massage devient graduellement moins intense.

Le caoutchouc, en lames minces, a l'avantage de conserver, toujours, la même tension; ses vibrations sont peut-être un peu moins éclatantes, mais on n'entend jamais les claquements de la membrane, et le timbre de la voix n'est pas modifié, comme cela se présente parfois avec la baudruche (voix de mirliton ou de polichinelle).

Les plaques vibrantes en sapin, fer-blanc verni, ébonite, employées dans les téléphones et construites dans les ateliers Mors, m'ont toujours donné des résultats moins bons que les membranes; la voix chuchotée n'était jamais perçue et il fallait parler très haut.

8° J'ai essayé d'employer deux plaques vibrantes: l'une, plus grande, correspondant au tympan; l'autre, plus petite, correspondant à la fenêtre ovale.

a) Je notais, avec les flammes de Kœnig, les vibrations d'une première membrane en baudruche, puis, à l'entrée du tube en caoutchouc, je plaçais une seconde membrane en baudruche ou en caoutchouc plus petite de 0^m002 millimètres ou de 0^m005 millimètres de diamètre : le son cessait immédiatement d'être sensible à la flamme, *dans tous les cas.*

Si la petite membrane n'était pas tendue, la voix chuchotée n'était pas perçue par l'oreille; en parlant très haut, on entendait la voix renforcée en *mirliton,* ce qui produisait une sensation fort désagréable.

b) J'ai employé deux lames minces en sapin réunies ensemble par une tige légère, la grande de $0^m,06$ centimètres de diamètre, la petite de 0^m016 millimètres; cette dernière venait s'appliquer sur une membrane en baudruche non tendue qui fermait complètement l'orifice du tube en caoutchouc; les flammes n'étaient pas sensibilisées et les sourds n'entendaient pas.

c) Cependant, et c'est l'avis de M. le professeur Marey, on pourrait construire un appareil avec deux membranes en caoutchouc, l'une petite, l'autre grande, réunies ensemble de manière que toute vibration de la première fût transmise *amplifiée* à la seconde; il est impossible de prévoir les résultats qu'on obtiendrait avec cette disposition que je n'ai pas encore expérimentée.

9° Étant donnés les résultats précédents, il fallait que la membrane en baudruche ou en caoutchouc fût :

a) Moyennement tendue.

b) Contenue entre deux caisses à air de même diamètre que la membrane, mais très peu profondes. On pouvait, ou bien placer la membrane dans un plan perpendiculaire à l'axe du tuyau, ou bien l'incliner à 45°, de façon à imiter la position du tympan dans le conduit auditif.

Les flammes manométriques ont donné pour l'inclinaison à 45° les résultats représentés sur les tracés 5 et 15 des figures 6 et 8, très peu différents de ce que l'on obtenait avec la membrane placée perpendiculairement à l'axe.

c) L'intensité du son n'était pas sensiblement augmentée, pour les sourds, quelle que fût la position de la membrane par rapport au tympan de l'auditeur.

10° Le caoutchouc, interposé entre l'appareil et l'oreille doit avoir des parois très épaisses; il doit empêcher toute communication de l'oreille avec l'air extérieur. Pour obtenir ce résultat, on donne une forme conique à l'extrémité libre du tube.

CONSÉQUENCE

MASSEUR-CORNET

Ces expériences m'ont conduit à construire un nouveau cornet acoustique auquel j'ai donné le nom de *masseur-cornet*, et qui est construit de la façon suivante :

DESCRIPTION

L'appareil se compose (fig. 1 et 2) d'une petite caisse cylindrique en bois, en ébonite ou en métal, divisée par deux sections droites :

La section droite supérieure limite le couvercle, la section droite inférieure permet de fixer une membrane vibrant sous l'influence du parleur.

Cette surface vibrante est en baudruche, en caoutchouc, en bois ou en métal; elle est fixée sur un cadre circulaire et se trouve contenue entre deux caisses à air cylindriques, de même diamètre et de faible profondeur.

La caisse à air supérieure communique par une embouchure tronc-conique avec le parleur.

Les vibrations sont transmises à l'auditeur par un tube de caoutchouc à parois épaisses, plus ou moins long, fixé sur un embout en bois; le tube peut se bifurquer pour l'audition biauriculaire.

La bifurcation se fait au moyen d'un tube métallique en *Y;* cet ajutage peut être fixé directement à l'appareil ou placé sur le trajet du tuyau, de manière à être fixé à la boutonnière ou au col.

On peut donner à l'appareil des formes variables : augmenter ou réduire ses dimensions, faire varier la forme de l'embouchure (fig. 3).

On peut aussi remplacer l'embouchure de mon masseur-cornet par un cornet acoustique ordinaire (fig. 4. Dans ce cas le son est tellement intense que l'on risquerait de faire un massage du tympan vraiment dangereux.

Pour obtenir de bons résultats, il faut maintenir la membrane et les caisses à air dans le voisinage des dimensions indiquées ; la membrane peut être également inclinée plus ou moins sur l'axe ; c'est au médecin à déterminer l'appareil qui convient le mieux à chaque malade.

FONCTIONNEMENT

Le tube en caoutchouc est introduit directement, sans embout, dans le conduit auditif externe, de manière à empêcher toute communication avec l'air extérieur.

L'orifice du conduit auditif externe ayant un diamètre variable suivant les sujets, il faut terminer en cône le tube de caoutchouc et le couper en un point tel que le tube pénètre à frottement dans le conduit auditif de manière à s'y maintenir facilement.

Le parleur applique les lèvres sur l'embouchure ; les vibrations transmises à la membrane sont communiquées

à l'air du tuyau et des caisses, et l'auditeur entend parfaitement la voix parlée : la voix chuchotée est perçue avec une *grande netteté*. Il faut éviter de parler fort.

Cet appareil agit donc comme cornet acoustique. En même temps il masse le tympan comme le masseur de Delstanche et même beaucoup mieux, car les vibrations ainsi transmises au tympan sont de même ordre, à l'intensité près, que celles que le tympan est destiné normalement à recevoir.

D'ailleurs, j'ai remarqué que l'acuité auditive des malades atteints d'otite scléreuse, était augmentée d'une façon très appréciable par l'usage de cet appareil.

Le malade peut se masser *lui-même* les deux tympans, ensemble ou séparément, en parlant dans l'embouchure et en mettant l'extrémité libre du tube dans le conduit auditif externe des deux oreilles ou de l'une d'elles séparément.

J'ai en ce moment plusieurs malades en traitement ; l'amélioration est certaine, mais il ne s'est pas écoulé encore un temps assez long pour me permettre de formuler des conclusions tout à fait fermes.

Constatons, pour terminer, que notre cornet présente, sur les cornets ordinaires, un avantage réel : le parleur ne souffle pas dans l'oreille de l'auditeur, chose essentiellement anti-hygiénique et désagréable.

ACTION DU MASSEUR-CORNET SUR LES FLAMMES MANOMÉTRIQUES

Tout en maintenant la partie vibrante et les caisses à air dans les dimensions indiquées, il était important de comparer l'appareil aux cornets acoustiques habituels et de voir les modifications qu'apportait la nature de la membrane. C'est ce qu'indiquent les figures suivantes.

Elles ont toutes été prises au moyen des miroirs tournants et des flammes manométriques de Kœnig ; j'avais essayé de photographier ces images ; mais je n'ai pas pu obtenir encore de résultats satisfaisants ; les figures suivantes sont dessinées en grandeur naturelle.

On prononçait toujours la même syllabe *bu* en donnant le *la* naturel.

On voit facilement par l'inspection des figures que l'effet principal de la membrane est de partager la flamme en sections beaucoup plus larges, qui se retrouvent toujours, excepté dans les deux dernières expériences où l'on supprime la chambre antérieure. Il y a donc une grande différence entre les vibrations qui se produisent dans un cornet ordinaire et celles que l'on constate dans le masseur-cornet.

Il s'agit d'interpréter complètement ces résultats, pour cela, de nouvelles expériences sont nécessaires ; j'en donnerai les résultats dans un prochain travail.

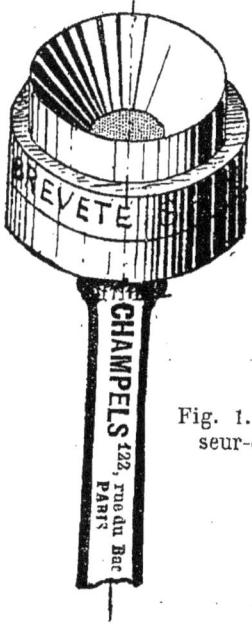

Fig. 1. — Vue perspective du masseur-cornet (grandeur naturelle).

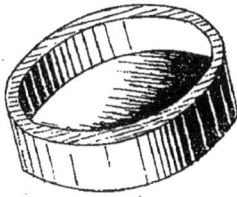

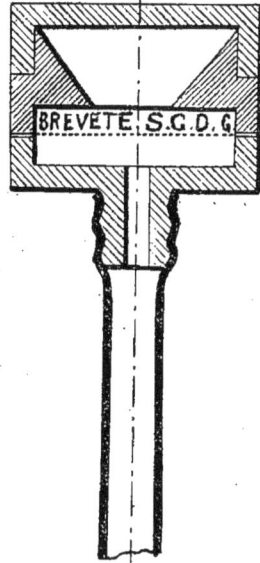

Fig. 2. — Coupe du mas-
seur - cornet (grandeur
naturelle).

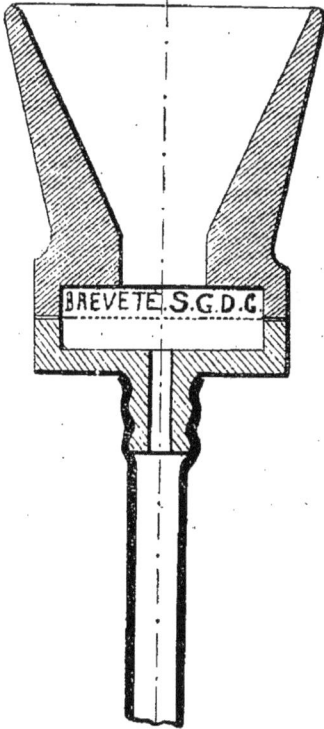

Fig 3. — Masseur-cornet avec embouchure
plus grande (grandeur naturelle).

Fig. 4. — Masseur-cornet
intercalé dans un cornet
acoustique ordinaire (un
quart de la grandeur na-
turelle).

ON PARLE

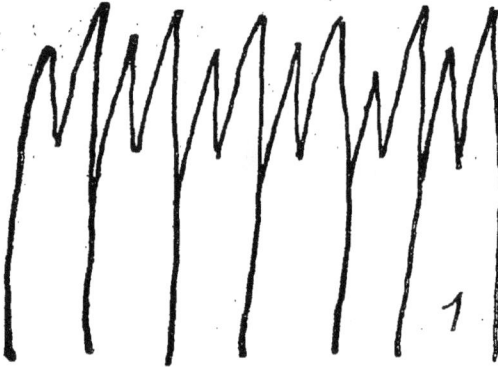

...directement devant
la capsule manomé-
trique.

...devant la membrane
du masseur - cornet
sans chambre anté-
rieure ni embou-
chure.

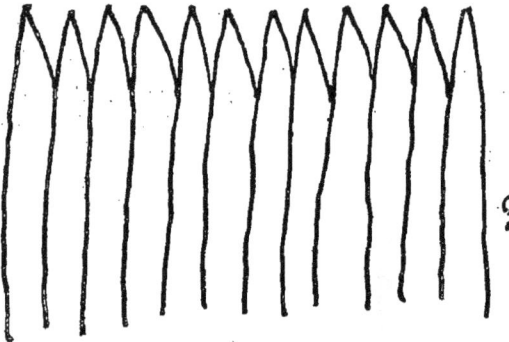

cornet acoustique or-
dinaire.

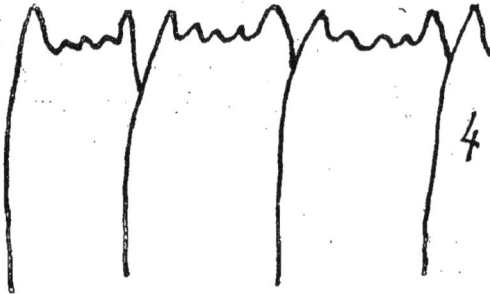

cornet acoustique avec
membrane interpo-
sée à 90° (fig. 4).

Fig. 5.

5

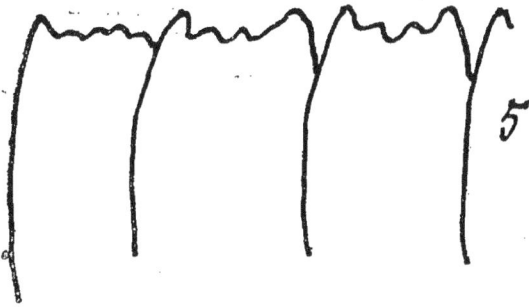

cornet acoustique avec
membrane interposée à
45°.

6

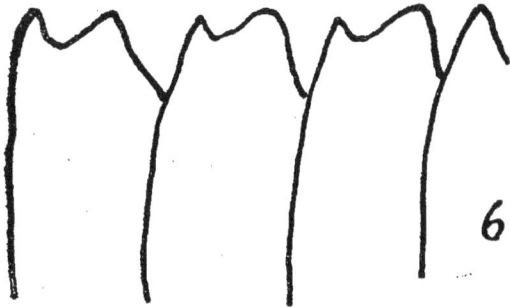

masseur-cornet (fig. 1)
sans membrane.

7

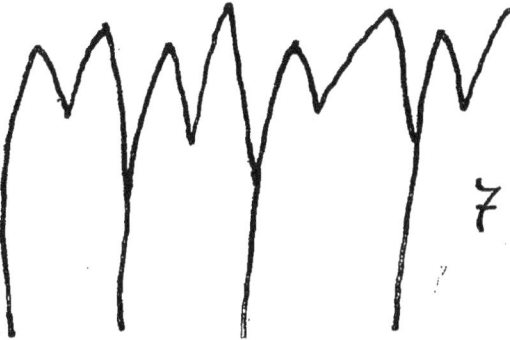

masseur-cornet (fig. 1) avec
membrane en baudruche.

8

masseur-cornet (fig. 1) avec
membrane en caout-
chouc.

Fig. 6.

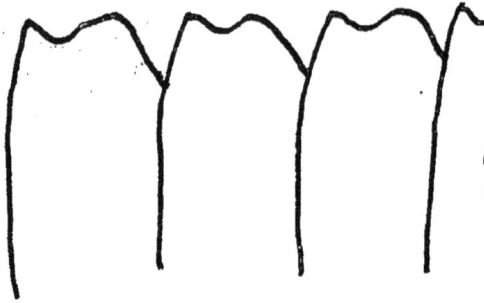

9 — masseur-cornet (fig. 3) avec membrane en baudruche.

10 — masseur-cornet (fig. 3) avec membrane en caoutchouc.

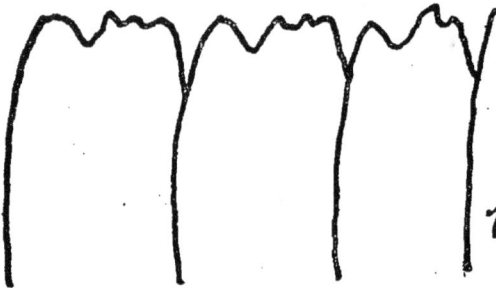

11 — masseur-cornet, embouchure plus grande, avec membrane en baudruche.

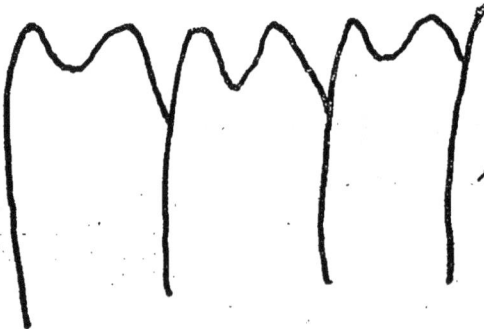

12 — masseur-cornet, même embouchure, avec membrane en caoutchouc.

Fig. 7.

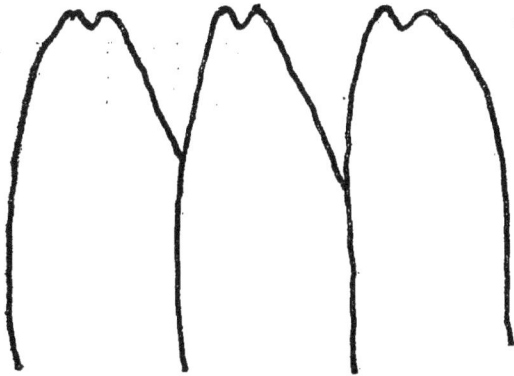

masseur-cornet (fig. 1),
biauriculaire, avec
membrane en bau-
druche.

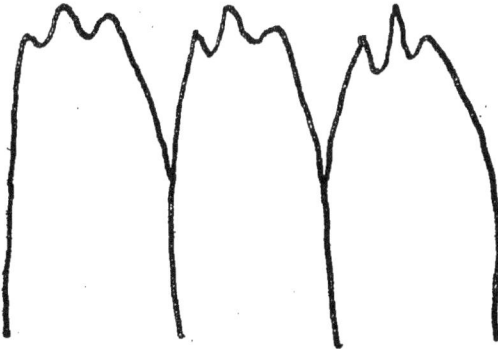

masseur-cornet (fig. 1)
biauriculaire, avec
membrane en caout-
chouc.

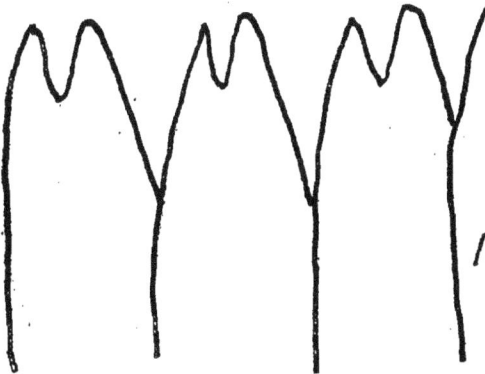

masseur-cornet (fig. 1),
avec membrane bau-
druche à 45°.

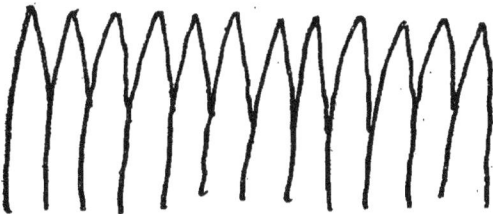

masseur-cornet (fig. 1),
petit orifice antérieur
avec membrane
caoutchouc très
mince.

Fig. 8.

Dans les 4 expériences suivantes, on prend une membrane en baudruche devant laquelle on applique l'embouchure de la figure 1, en augmentant graduellement l'orifice de communication avec la chambre intérieure.

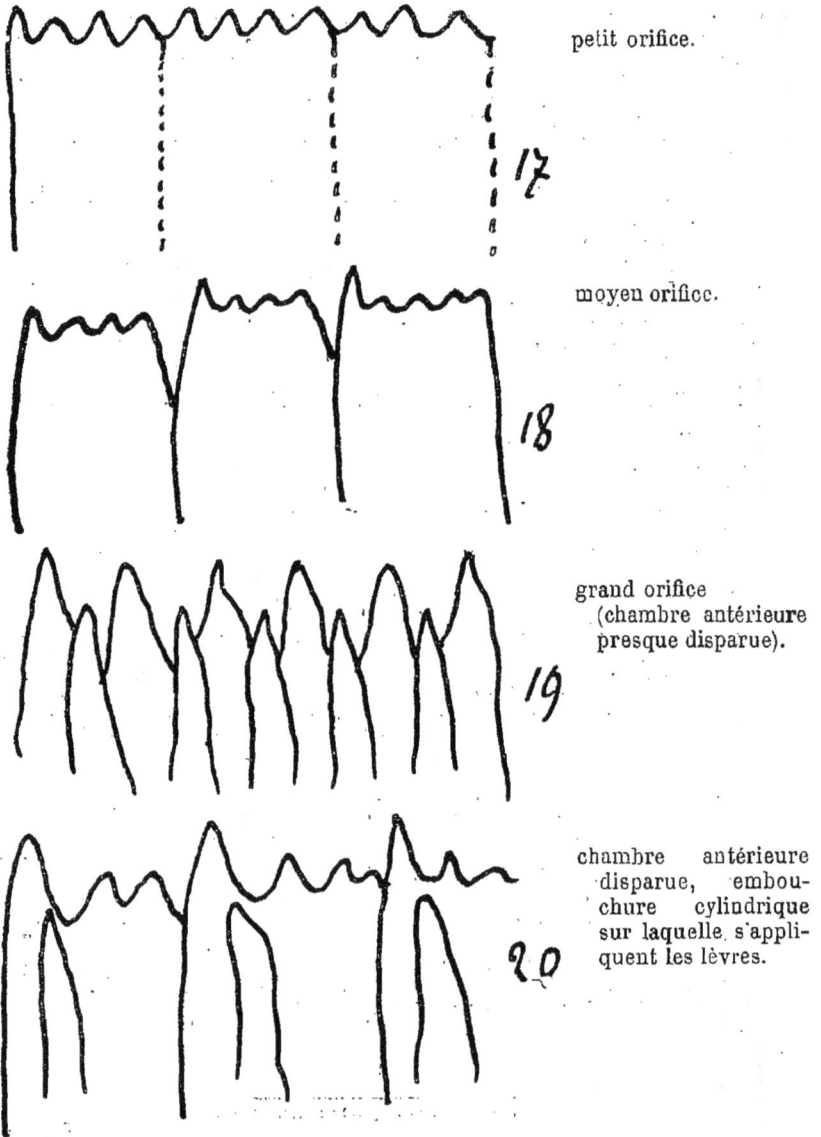

petit orifice.

moyen orifice.

grand orifice (chambre antérieure presque disparue).

chambre antérieure disparue, embouchure cylindrique sur laquelle s'appliquent les lèvres.

Fig. 9.

OUVRAGES DU MÊME AUTEUR

Anatomie descriptive du sympathique thoracique des oiseaux (Médaille de la Faculté de Paris), in-8° de 68 p. avec fig., Davy, éd., Paris, 1887.

Anatomie et histologie du sympathique des oiseaux, in-8° de 72 p. avec fig. et pl. en couleurs, Masson, éd., Paris, 1889.

Questions de physique, 3ᵉ édit., in-18 de 136 p. avec fig., Masson, éd., Paris, 1895.

Memento d'histoire naturelle, in-18 de 216 p. avec 102 fig., Masson, éd., Paris, 1891.

Note sur un nouveau sphygmographe (récompensé par la Faculté de médecine) (1889).

Électricité médicale et galvanocaustie (1890).

Utilité des injections de liqueur de VAN SWIETEN dans le tissu des tumeurs d'aspect cancéreux.

Stéthoscope à renforcement (récompensé par la Faculté de médecine), 1892.

Traitement de la diphtérie, in-8° de 40 p. (1894).

Traitement médical des tumeurs adénoïdes, in-8° de 36 p. avec fig., Paris, 1895.

Les divers traitements de l'hypertrophie des amygdales, Paris, 1896.

Serre-nœud électrique automatique et pince à forci-pressure pour la région amygdalienne (récompensé par la Faculté de médecine), Paris, 1896.

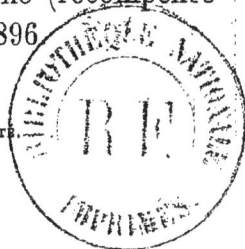

6539-97. — CORBEIL. Imprimerie ÉD. CRÉTÉ.

www.ingramcontent.com/pod-product-compliance
Lightning Source LLC
Chambersburg PA
CBHW050410210326
41520CB00020B/6537